AF509760

RÉGLEMENT

DE LA

SOCIÉTÉ D'ENCOURAGEMENT

FONDÉE A ABBEVILLE,

POUR

L'AMÉLIORATION DE LA RACE CHEVALINE.

ABBEVILLE,

TYPOGRAPHIE DE C. PAILLART.

1851.

SOCIÉTÉ D'ENCOURAGEMENT

FONDÉE A ABBEVILLE,

POUR L'AMÉLIORATION DE LA RACE CHEVALINE.

----==≍≍≍==----

CONSEIL D'ADMINISTRATION.

MM.   A. DELEGORGUE, Maire d'Abbeville, *Président.*

CH. LEFEBVRE DE VILLERS, Président du Comice Agricole, *Vice-Président.*

H. DE VALANGLART, Propriétaire à Moyenneville, *Secrétaire.*

E. PRAROND, Propriétaire à Abbeville, *Vice-Secrétaire.*

VARRY, Notaire à Abbeville, *Trésorier.*

DES MAZIS, Inspecteur des Haras.

DE LA HOUSSAYE, Directeur du Dépôt d'Étalons d'Abbeville.

DE SALAIGNAC, Agent comptable   id.

E. PANNIER, Adjoint au Maire d'Abbeville.

NAU,
G. DOUVILLE, } Membres du Conseil municipal d'Abbeville.

GORET, Président du Tribunal de Commerce.

COURBET-POULARD, Président de la Chambre de Commerce.

JOHN DE MORGAN, Maire de Frucourt.

DE RAINVILLERS, Propriétaire à Boismont,
E. D'ORVAL, Propriétaire à Port, } Membres de la Commission Hippique du département de la Somme.

JURY SPÉCIAL

RÉGLEMENT.

ARTICLE PREMIER.

La Société est formée dans le but spécial de venir en aide à l'industrie chevaline du pays, au moyen de prix affectés à des Courses *montées* et *attelées*.

ARTICLE DEUX.

Le siège de la Société est à Abbeville.

ARTICLE TROIS.

La Société se compose d'un nombre illimité de Souscripteurs.

ARTICLE QUATRE.

Les cent premiers Souscripteurs seront de droit Membres-Fondateurs; au-dessus de ce nombre, toute demande d'admission devra être faite au Président de la Société.

ARTICLE CINQ.

Le prix de la souscription est fixé à vingt francs au moins, payables le premier janvier de chaque année entre les mains du Trésorier.

ARTICLE SIX.

Chaque Souscripteur s'engage pour trois ans.

ARTICLE SEPT.

Tout Membre qui, deux mois avant l'expiration de ces trois années, n'aura pas fait connaître au Trésorier l'intention de se retirer, sera considéré comme ayant renouvelé son adhésion pour le même temps.

Cependant les Souscripteurs qui cesseraient d'habiter l'arrondissement, seront libres de se retirer de la Société à l'expiration de l'année courante.

ARTICLE HUIT.

La durée de la Société est illimitée, mais elle cessera de plein droit quand elle ne réunira pas vingt-cinq Membres.

ARTICLE NEUF.

Tout Souscripteur a droit à une entrée personnelle, pendant les Courses, dans l'enceinte du pesage et dans une tribune réservée.

ARTICLE DIX.

Un Conseil d'Administration composé d'un président, d'un vice-président, d'un secrétaire, d'un vice-secrétaire, d'un trésorier et de onze membres, nommés en assemblée générale, à la simple majorité, sera chargé de la rédaction du Programme des Courses, de l'emploi des fonds et de l'exécution de toutes les mesures propres à réaliser le but qu'on se propose d'atteindre.

ARTICLE ONZE.

Les seize Membres composant le Conseil d'Administration devront être pris parmi les Souscripteurs de l'arrondissement; ils seront élus pour un an et indéfiniment rééligibles.

ARTICLE DOUZE.

Le Conseil d'Administration se réunira deux fois au moins dans le courant de chaque année, et plus souvent si le Président le juge convenable.

ARTICLE TREIZE.

Si le Président et le Vice-Président ne peuvent assister aux délibérations, le Membre le plus âgé présidera de droit.

ARTICLE QUATORZE.

Pour que les délibérations soient valables, le Conseil

devra être composé de la moitié de ses Membres, plus un. Dans le cas où le nombre des voix se trouverait également partagé, la voix du Président serait prépondérante.

ARTICLE QUINZE.

Une réunion générale de la Société aura lieu annuellement dans les trente jours qui suivront les Courses, pour y entendre le rapport du Conseil sur l'emploi des fonds, les mesures prises et les résultats obtenus.

ARTICLE SEIZE.

Quelque soit le nombre des Membres présens, toutes délibérations prises en assemblée générale seront valables si les Souscripteurs de l'arrondissement sont deux fois plus nombreux que les Souscripteurs étrangers.

ARTICLE DIX-SEPT.

Tout ce qui concerne les Courses sera réglé par le Conseil d'Administration.

ARTICLE DIX-HUIT.

Des prix pour Courses au trot, montées et attelées, pourront être établis pour les chevaux appartenant aux départemens de la Somme, du Pas-de-Calais, du Nord, de la Seine-Inférieure, de l'Eure et d'Eure-et-Loir.

ARTICLE DIX-NEUF.

Toute donation ou allocation de prix avec conditions particulières, sera soumise à l'acceptation du Conseil d'Administration.

Il n'en sera pas de même pour les fonds alloués par le Département et le Ministre de l'Agriculture et du Commerce; le Conseil devra, pour ces prix, se conformer aux conditions qui lui seront imposées.

ARTICLE VINGT.

Le Conseil d'Administration désignera, chaque année, parmi ses Membres, des Commissaires chargés de prendre toutes les mesures d'ordre et de police pour les Courses.

Ces Commissaires s'entendront, à cet égard, avec l'Administration municipale.

ARTICLE VINGT-ET-UN.

Un Jury spécial, composé de cinq Membres, sera nommé par le Conseil d'Administration pour prononcer, séance tenante et sans appel, sur les difficultés survenues à l'occasion des Courses.

La présidence de ce Jury appartiendra à M. le Préfet du département de la Somme ou à son Délégué.

Un Membre du Conseil général et un Officier supérieur des Haras en feront partie.

Dispositions générales concernant les Courses.

ARTICLE VINGT-DEUX.

Toute personne qui voudra prendre part aux Courses, devra en faire la déclaration au Secrétariat de la Mairie d'Abbeville, trois jours au moins avant celui fixé pour ces Courses.

ARTICLE VINGT-TROIS.

Toute demande d'inscription indiquera, d'une manière exacte, le nom et la demeure du propriétaire; l'âge, le sexe, la robe et l'origine de l'animal; l'époque et le lieu de sa naissance, l'endroit où il a été élevé, ainsi que les prix que le propriétaire se propose de disputer.

ARTICLE VINGT-QUATRE.

Un droit, dit *d'entrée*, pourra être exigé pour chaque cheval inscrit.

ARTICLE VINGT-CINQ.

Le paiement de ce droit, fixé, pour chaque prix, par le Conseil d'Administration, sera fait en même temps que la déclaration d'engagement.

ARTICLE VINGT-SIX.

La veille des Courses, les chevaux seront examinés de onze heures du matin à trois heures de relevée, dans le lieu indiqué par le Programme de l'année; la réception sera faite par le Jury institué par l'article vingt-un.

ARTICLE VINGT-SEPT.

Tout cheval entaché de tares héréditaires, mal conformé, ou qui serait impropre au service auquel il est destiné, pourra être refusé.

L'âge des chevaux sera compté à partir du premier janvier qui précède la naissance.

ARTICLE VINGT-HUIT.

A moins de dispositions contraires et indiquées par le Programme, les chevaux engagés ne pourront être montés que par des individus français ou légalement domiciliés en France.

ARTICLE VINGT-NEUF.

Les Courses auront lieu avec des conditions de poids et de temps, si le Conseil d'Administration le juge convenable.

La condition de temps sera de rigueur s'il ne se présente qu'un seul cheval, ou si les chevaux engagés appartiennent au même propriétaire.

ARTICLE TRENTE.

Les cavaliers devront être présens à l'examen des chevaux; leur poids sera constaté simultanément, et il leur sera remis un bulletin qu'ils devront représenter au moment des Courses pour lesquelles ils seront engagés.

ARTICLE TRENTE-UN.

Le pesage définitif des cavaliers sera annoncé sur le champ des Courses par le son d'une cloche, une demi-heure avant chaque épreuve.

Vingt minutes après, la cloche se fera entendre de

nouveau pour l'entrée en lice, et le départ aura lieu dix minutes après, sans attendre les absens.

ARTICLE TRENTE-DEUX.

Le même propriétaire pourra engager plusieurs chevaux dans une même Course, pourvu qu'un ou plusieurs concurrens soient déjà engagés dans cette Course.

ARTICLE TRENTE-TROIS.

Nulle épreuve ne pourra avoir moins de quinze cents mètres.

ARTICLE TRENTE-QUATRE.

A chaque épreuve, les chevaux seront placés au point de départ suivant le sort.

S'il se présente un nombre de chevaux trop considérable, pour qu'ils ne puissent, sans danger, entrer en lice, les concurrens seront divisés par pelotons qui courront successivement.

Les chevaux appelés à fournir chaque peloton, seront désignés par le sort, ainsi que l'ordre dans lequel les pelotons devront courir.

Les vainqueurs de chaque peloton courront entre eux, et le prix sera adjugé au cheval qui, dans cette seconde épreuve, arrivera le premier.

ARTICLE TRENTE-CINQ.

Dans le cas de Courses en parties liées, les deux chevaux qui, à la première épreuve, seront arrivés les premiers au but, seront seuls admis à faire les épreuves suivantes.

ARTICLE TRENTE-SIX.

Après chaque épreuve, le cavalier devra conduire son cheval au lieu désigné pour le pesage, descendre là et non ailleurs, et se faire peser de nouveau devant le Juge des Courses.

En cas de refus, ou s'il est reconnu ne plus avoir le poids prescrit, le prix sera décerné au propriétaire du cheval qui aurait obtenu l'avantage après lui.

ARTICLE TRENTE-SEPT.

Le cheval dont le cavalier sera reconnu avoir entravé
la marche de ses adversaires, ou qui aura usé de fraude,
sera mis hors de concours.

ARTICLE TRENTE-HUIT.

Un poteau de distance, surmonté d'une flamme, sera
établi à cent ou deux cents mètres du point d'arrivée,
et suivant l'étendue de la Course.

L'arrivée du vainqueur au but sera signalé par la
chûte d'un drapeau hissé au poteau d'arrivée.

Le signal sera immédiatement répété par un Commis-
saire placé au poteau de distance.

ARTICLE TRENTE-NEUF.

Le cheval qui n'aura pas dépassé le poteau de distance
quand le drapeau sera baissé, sera déclaré distancé.

Les primes qui n'auront pas été gagnées par suite de
cette disposition, resteront la propriété de la Société.

Dispositions particulières aux Courses au Trot montées.

ARTICLE QUARANTE.

Lorsque, dans l'une de ces Courses, l'allure cessera
d'être celle du trot, le cheval devra être arrêté pour
repartir.

Tout cheval qui, malgré les efforts de son cavalier,
aurait parcouru au galop une partie plus ou moins étendue de la carrière, pourra être mis hors de concours
si le Jury en décide ainsi.

ARTICLE QUARANTE-UN.

Si le cheval sort de la lice, il devra y rentrer par
l'endroit d'où il sera sorti; sinon il sera distancé.

ARTICLE QUARANTE-DEUX.

Les cavaliers devront avoir une tenue convenable;

par exemple, une veste de couleur apparente, un pan-
talon à sous-pieds et une casquette.

Des costumes particuliers seront mis, gratuitement, à
la disposition de ceux qui le désireraient.

ARTICLE QUARANTE-TROIS.

Les chevaux devront être bridés et sellés convenable-
ment.

ARTICLE QUARANTE-QUATRE.

Le fouet est strictement interdit; la cravache, la gaule
ou baguette sont seules permises.

Dispositions particulières aux Courses au Trot attelées.

ARTICLE QUARANTE-CINQ.

Il ne sera admis dans ces Courses que des chevaux
entiers, hongres et jumens, reconnus propres au luxe,
au commerce, et exempts de tares apparentes et nuisibles.

La taille de ces animaux sera déterminée par le Programme.

ARTICLE QUARANTE-SIX.

Les propriétaires devront se procurer des voitures à
deux roues dites *tilburys* ou *boquets*, pouvant contenir
deux personnes.

Le maximum de la hauteur des roues est fixé à un
mètre soixante centimètres.

ARTICLE QUARANTE-SEPT.

Chaque conducteur devra présenter, à l'examen indiqué
à l'article vingt-six, son cheval attelé à la voiture avec
laquelle il se propose de courir; sinon il sera refusé.

ARTICLE QUARANTE-HUIT.

L'ordre dans lequel ces Courses devront avoir lieu
sera déterminé par le Programme.

ARTICLE QUARANTE-NEUF.

Des Courses de deux chevaux attelés à des voitures à quatre roues pourront également avoir lieu.

ARTICLE CINQUANTE.

Les chevaux attelés qui rompraient le trot et parcourraient en galoppant un espace de plus de six mètres, seront exclus du concours.

ARTICLE CINQUANTE-UN.

Les conducteurs auront une tenue convenable, et les chevaux devront être régulièrement attelés.

Dispositions particulières aux Courses au Galop.

ARTICLE CINQUANTE-DEUX.

Pourront être admis dans ces Courses des chevaux entiers, hongres et jumens, de tout âge, de toute espèce et de tous pays.

Ces chevaux pourront être montés par des jockeys étrangers.

ARTICLE CINQUANTE-TROIS.

S'il ne se présente qu'un seul cheval, ou si les chevaux engagés appartiennent au même propriétaire, les Courses ne pourront avoir lieu que sous condition de temps.

ARTICLE CINQUANTE-QUATRE.

Les chevaux devront être inscrits au Secrétariat de la Mairie d'Abbeville, quatre jours avant les Courses.

ARTICLE CINQUANTE-CINQ.

Ces inscriptions auront lieu par lettres cachetées qui devront contenir tous les renseignemens nécessaires pour établir le poids et les couleurs du jockey; l'âge, le sexe, la robe et la nationalité du cheval.

ARTICLE CINQUANTE-SIX.

Les chevaux hongres et jumens porteront un kilogramme et demi de moins.

Les chevaux anglais porteront quatre kilogrammes de plus.

ARTICLE CINQUANTE-SEPT.

Le présent Réglement ne pourra être modifié que par un vote en assemblée générale et sur la proposition de six Membres au moins.

ARTICLE CINQUANTE-HUIT ET DERNIER.

Pour tous les cas qui ne se trouvent pas mentionnés dans les présens Statuts, il en sera référé au Réglement général des Courses, publié par M. le Ministre de l'Agriculture et du Commerce sous la date du 26 avril 1849.

LE PRÉSIDENT DE LA SOCIÉTÉ HIPPIQUE,

DELEGORGUE aîné.

Abbeville, le 26 Janvier 1851.

LISTE DES MEMBRES-FONDATEURS

DE LA

SOCIÉTÉ FORMÉE A ABBEVILLE,

POUR

L'AMÉLIORATION DE LA RACE CHEVALINE.

JANVIER 1851.

Acquet de Férolles, Paul, propriétaire à Abbeville.

Anquier, juge-de-paix à Acheux.

Beauvarlet de Moismont, Amédée, lieutenant-colonel de la garde nationale à Abbeville.

Boucher de Perthes, directeur des douanes à Abbeville.

Briet de Rainvillers, propriétaire à Boismont.

Calluaud, Henry, propriétaire à Abbeville.

Cherbonnier, juge au tribunal civil à Abbeville.

Danzel d'Anville, Alfred, propriétaire à Aigneville.

Danzel fils, propriétaire à Abbeville, rue de Locques.

De Belleval, propriétaire à Abbeville.

De Buissy, propriétaire à Woirel.

De Chauvenet, propriétaire à Abbeville.

De Crept, propriétaire à Bernay (Somme).

De Croix, propriétaire à Serquigny, près Bernay (Eure).

De Freytag, propriétaire à Abbeville.

De La Houssaye, directeur du haras à Abbeville.

De La Rue, propriétaire à Regnière-Écluse.

Delegorgue aîné, maire d'Abbeville.

Delegorgue, Ernest, avocat, colonel de la garde nationale d'Abbeville.

Delegorgue, Henry, avocat à Abbeville.

De Louvencourt, Aloph, propriétaire à Abbeville.

De Mons, Octave, propriétaire à Abbeville.

De Morgan, Edouard, propriétaire à Belloy-sur-Somme.

De Morgan, John, propriétaire à Frucourt.

De Morgan de Frucourt, propriétaire à Frucourt.

De Rivals de la Salle, propriétaire à Abbeville.

De Rocquigny, propriétaire à
Des Essarts, propriétaire à Abbeville.
Des Mazis, inspecteur des haras, à Tours-en-Vimeu.
Desprès, artiste vétérinaire du haras à Abbeville.
Desrotours de la Touche, juge-de-paix à St.-Valery-sur-Somme.
De Touchet, lieutenant de gendarmerie à Abbeville.
Devismes de Flacourt, propriétaire à Abbeville.
Douville, Gustave, propriétaire à Abbeville.
Douville de Franssu, Henry, propriétaire à Abbeville.
Drillet de Lanigou, propriétaire à Brailly-Cornehotte.
Dufrien, Paul, propriétaire à Woincourt.
Duhuy, notaire à Abbeville.
Du Maisniel d'Applaincourt, propriétaire à la Triquerie, près Canchy.
Du Maisniel du Hamel, Gédéon, propriétaire à Nampont-St.-Martin.
Du Maisniel du Hamel, Amédée, propriétaire à Abbeville.
Dumoulin, Jules, propriétaire à Yaucourt-Bussus.
Foucques d'Émonville, Arthur, propriétaire à Abbeville.
Foucques, Emmanuel, propriétaire à Abbeville.
Hecquet d'Orval, Émile, propriétaire à Bonnance, près Port-le-Grand.
Hinde, propriétaire à Abbeville.
Jourdain de l'Étoille, Léopold, propriétaire à Argoules.
Leblond du Plouy, Ansbert, propriétaire à Rogent.
Leblond du Plouy, propriétaire à Ercourt.
Ledien père, propriétaire à Huppy.
Lefebvre de Villers, Charles, président du Comice Agricole de
        l'arrondissement d'Abbeville, à Villers-sur-Marcuil.
Lefebvre du Grosriez, Henry, propriétaire à Abbeville.
Leroy de Valanglart, Henry, propriétaire à Moyenneville.
Leroy de Valanglart, Sosthène, propriétaire au Titre.
Leroy de Valanglart, Alfred, propriétaire à Abbeville.
Levèque de Neuvillette, propriétaire à Abbeville.
Loisel fis, notaire à Rue.
Lottin, Ernest, propriétaire à Abbeville.
Manessier, Henry, sous-préfet à Abbeville.
Mennechet, juge-suppléant à Abbeville.
Moisnel de Bertinois, propriétaire à Abbeville.
Nau, propriétaire à Abbeville.
Newball, propriétaire à Neuville, près St.-Valery-sur-Somme.

Pannier, Edmond, adjoint au maire d'Abbeville.
Pasquet de Salaignac, agent comptable au haras à Abbeville.
Pingré de Guimicourt, Victor, propriétaire à Abbeville.
Prarond, Ernest, propriétaire à Abbeville.
Prarond, Arthur, propriétaire à Abbeville.
Randoing, représentant du peuple, manufacturier à Abbeville.
Siffait, Oswald, propriétaire à Abbeville.
Terrier, Eugène, filateur à Abbeville.
Tillette de Buigny, Ernest, propriétaire à Abbeville.
Trépagne, propriétaire à Poix.
Varry, propriétaire à Abbeville.
Vincent d'Hantecourt, propriétaire à Martainneville-lès-Butz.
Witasse de Thézy, propriétaire à Abbeville.